太空

从日晷到登陆火星

[法] 史黛芬妮·勒迪 [法] 史蒂芬·弗拉迪尼 / 文

[法] 杰斯·保韦尔斯 / 图

黄君艳 / 译

北京时代华文书局

太棒了！
今天，全班一起去参观太空博物馆！

老师早就给同学们讲过很多关于太空的知识了。比如：
地球是围绕着太阳运转的 8 颗行星之一；
我们人类所在的星系是银河系，太阳是银河系中的一颗恒星；
茫茫宇宙中其实存在着数以千亿计的星系。

现在的孩子对太空的了解胜过任何一个一百年前的成年人，真是不可思议！这是为什么呢？这要归功于科学的发展，归功于人类对太空的征服！

你想跟着我们一起去探索太空吗？

如果想，让我们马上启程，穿越时间，走进浩渺的宇宙，来一场不同寻常的旅行吧！

现在，我们来到一个大约 8000 年前的原始小村落。

这些村民们和你一样，一到夜幕降临时便抬头仰望，他们感叹着：天空多么宽广、多么神秘啊！

这些问题他们根本无法解答！但却通过观察发现：
季节更替时，星星在天空中的位置也在变化。

通过观察星空，他们获得了非常宝贵的信息。
“看，那颗最亮的星星出现了吧？”
“哦，春天要来啦，是时候种小麦了！”

3000年后，在美索不达米亚，也就是现在的中东地区，人们创造了文字、数学，还有天文学。

充满智慧的人们开始使用日晷。日晷是一种根据太阳的位置来计算时间的仪表。太阳光线投射在仪表盘上的阴影最短时，就是一天的中间：正午！

美索不达米亚人还把星星的群落想象成了各种形状。你看到狮子星座了吗？

通过观察月亮在天空中的运行变化，他们把时间划分出了月份：这就是世界上最早的历法。

又过了 1500 年。
人们建造了观象台。

从年初到年尾，借助这些建筑，人们对天体的运行状况进行精确地追踪，不管是月亮、行星还是恒星。

这些奇怪地排列着的石头，被称作巨石阵，坐落在英国境内。

到了冬至，也就是一年当中白昼最短的那一天，太阳落山时投射的阴影将不偏不倚地落在巨石阵的其中两根石柱之间的连线上。这一天之后，白昼将越来越长……人们将会为此而欢快庆祝！

那么，天空是怎样“放置”在大地之上的呢？古时候，不同的民族做出了各自的猜想。

在印度，人们认为天空是一条正在吞食自己尾巴的大蛇所构成的一个圆环，圆环正中是一只乌龟，乌龟的背上驮着四头力大无比的大象，大象驮着的便是扁平的大地。

在中国，人们认为天空是圆的，被四根柱子支撑在四四方方的大地上方……大地的中心地带，便是中国！

在埃及，人们认为是大气之神“舒”站立于大地之神“盖布”之上，支撑起了天空女神“奴特”。

那时候的人们无法解释各种自然现象，因此心怀畏惧。
他们担心：莫非是神灵在发怒？

当发生日食时，人们会认为太阳是被某个怪兽给吞噬了。
“快，敲起鼓来，拉弓射箭，把怪兽赶跑！”

看，一颗流星！当流星飞过，人们认为这预示着将会有灾难发生……

各种神话故事层出不穷！人们终于开始感到厌烦。在2500年前的希腊，一些智者已经开始寻求用科学的方法来解释自然现象。

首先是阿纳克西曼德。在他的想象中，地球是一个悬挂在天空中心的巨大的圆柱体。

后来，毕达哥拉斯认为地球是漂浮在一个大球体里面的一个小球体。

最终，亚里士多德证明了地球是圆的。这真是太棒了！但他认为地球是宇宙的中心。在亚里士多德看来，7 个水晶球体——太阳、行星和外层的其他恒星，都在围绕着地球转动。可是，这样的说法其实是错误的。

然而，另一位希腊人托勒密却对此深信不疑。他甚至使用非常复杂的运算来验证这个理论。在之后长达 1500 年的时间里，整个欧洲都在传授“地心说”！

到了公元1000年左右，其他民族也开始对天空产生了浓厚的兴趣。

中美洲的玛雅人将太阳视为无上之神。

一些优秀的天文学家，已经能非常精确地预测天体的运行轨迹。

直到今天，人们依然对他们的观测结果心怀敬意，因为这些是通过十分简单的方法获得的。

阿拉伯人对希腊人的著作进行了研究。他们改进了天文观测工具，并借助这些工具建立了恒星的名录，里面明确地记载了一年当中的不同时刻恒星在天空中的位置，而且为它们起了不同的名字：金牛座、天鹰座、天琴座……

在地球的另一端——中国，人们也撰写了一些天文学著作。在公元 1200 年左右，中国人发明了一种用于战争的新型武器：火箭。

当时的火箭与现在的火箭是两回事儿！在那个时期，火箭只不过是包裹着火药的纸筒。士兵们把它们点燃后再发射到敌方，烧毁他们的营地。

然而，这可是人类历史上第一个能够离开地面在空中飞行的物体！

让我们再回到欧洲吧！15 世纪时，西班牙和葡萄牙的航海家们登上卡拉维尔帆船，去探索外面的世界。那么，他们是怎么做到没有在茫茫大海中迷路的呢？

首先，他们有指南针可以指明北的方向。同时，他们还使用星盘来观察太阳和其他恒星的位置。星盘也能测出船所处的纬度，也就是离赤道的距离。

但他们依然不知道怎样计算经度，不知道如何测量东西方向的位置。当时的人们甚至还认为在遥远的大海中出没着各种怪兽！

嘘！你现在看到的是尼古拉·哥白尼的办公室。

1473年，哥白尼出生于波兰，他不仅是医生，也是数学家、天文学家和神职人员。

在哥白尼看来，托勒密在1300年前所设想的理论过于复杂。

如果宇宙的中心并不是地球而是太阳呢？简直难以置信：忽然之间，一切都能解释得更加清楚了！

就在离世之前，哥白尼在一本书中阐述了自己的理论，但这本书没有引起任何人的关注。这是为什么呢？因为哥白尼没有把人类和人类生活的地球放在世界万物的中心。在那个年代，这是一件骇人听闻的事情。

在接下来的一个世纪里，意大利人伽利略为天体观测领域带来了革新。

1609年，他自制了第一架天文望远镜，能把物体放大20倍。他看到了当时其他人从未看到过的物体……

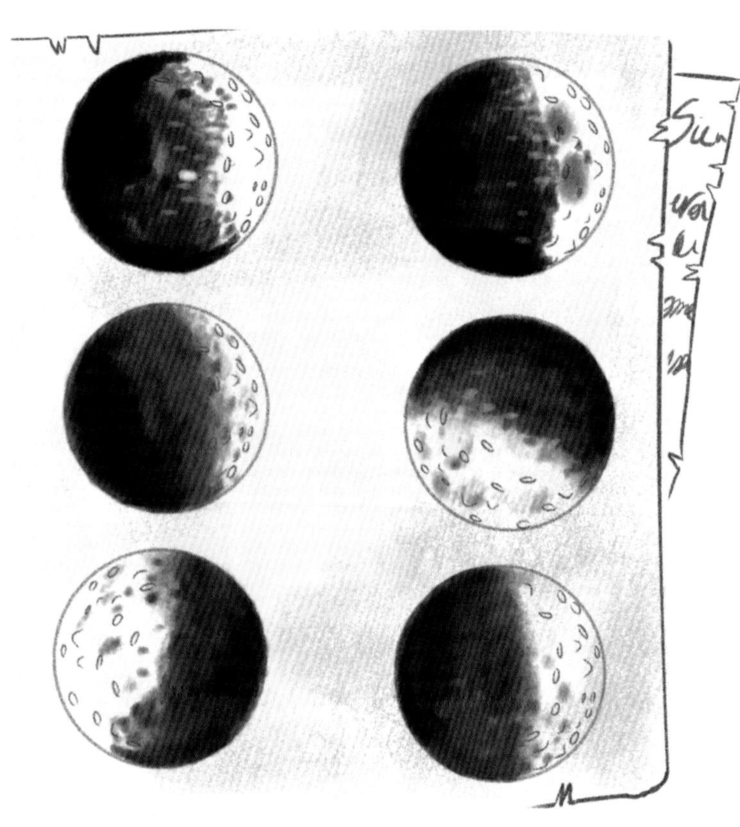

哇！原来月球的表面并不是人们一直以为的那么光滑，而是布满了火山口，到处耸立着高山。

太震撼了！不计其数的恒星形成的这片白色的云状物，其实就是银河系。

不可思议！木星也有自己的卫星。这么看来，哥白尼说对了，并不是所有的天体都围绕着地球转！

1600年，另一位意大利天文学家乔尔丹诺·布鲁诺，因为勇敢地提出了宇宙没有边际的观点，最终被活活烧死。

1633年，伽利略也因为他的新理论而受到审判。不过没有被判死刑，但他被要求在上帝面前发誓，承认自己的发现是错误的。然而，无论怎样，他提出的观点依然是正确的，地球的确绕着太阳转！

科学最终获胜了。天空中的一切都会转动，这一点是确定无疑的。不过……它们是怎样转动的呢？

1665年左右，一位年轻的英国数学家艾萨克·牛顿，看到一个苹果从树上掉落下来。这个现象给了他很大的启发！经过20年的研究，他提出了万有引力定律。这个定律是什么呢？

在一个运动着的世界里，大物体会吸引较小的物体。小小的苹果会掉落在地面上，那就说明它被巨大的地球所吸引！

同理，在太空中，相对较小的地球会趋向太阳的方向。但地球同时围绕着太阳作高速运转，所产生的巨大的力量能让它保持一定的运行轨迹、不脱离自己的轨道。

1667年，法国国王路易十四出资建造了巴黎天文台。1671年，天文台馆长乔凡尼·卡西尼测量出了地球到太阳的距离。

英国人埃德蒙·哈雷非常热衷于观察彗星。1682年，他发现了一颗彗星。之后，在乔凡尼·卡西尼的帮助下，他计算出这颗彗星将在76年之后再次出现。那么，他的预测对吗？

他的确预测对了！1758年，彗星如期而至。然而那时，哈雷已经去世多年，但人们决定以他的名字命名这颗彗星。

彗星，就是一个巨大的冰球。它和行星一样，围绕着太阳运转。在靠近太阳的时候，它的一部分会发生融化，并在天空中形成一条长长的“尾巴”。

哇，好大的望远镜！1789 年，威廉·赫歇尔在英国的自家花园里将这架望远镜安装成功。它长达 12 米，创造了当时的纪录。

这位天文学家一生中一共制作了几十架望远镜。为了尽可能获得最佳质量的图像，他要花很长时间抛光镜片。在月光皎洁的夜晚，赫歇尔会把望远镜架起、朝向天空，然后把自己看到的一切告诉他的妹妹卡罗琳。

后来，兄妹俩共同发现了天王星和几千颗恒星。他们是首次尝试把我们人类所处的星系——银河系的轮廓描绘出来的天文学家。

在他们绘制的图纸上，赫歇尔和卡罗琳标注出了 3000 多颗恒星。而实际上银河系有 2300 亿颗恒星呢！

整个 19 世纪，各种发现层出不穷。报刊大篇幅地报道天文学的新进展，人们非常热爱仰望星空、尽情幻想。

虽然当时还无法到太空旅行，但也无法阻止人们的想象！1865 年，法国小说家儒勒·凡尔纳讲述了一个用大炮将人发射到月球，从而实现首次月球旅行的故事。

1902 年，也就是电影技术诞生的第七年，法国人乔治·梅里爱拍摄了一部名叫《月球旅行记》的电影，“啪”的一下，画面直接冲击着观众的眼睛！

好家伙！电影中，月球上面可是住着很多很多样子滑稽的土著居民——塞勒尼特人呢！

那么，人们是否想过到太空旅行的办法呢？

大约在 1900 年，俄罗斯科学家康斯坦丁·齐奥尔科夫斯基设想着乘坐一个强大的火箭，帮助人类摆脱地球的引力。

可惜的是，当时没一个人在意这位教授。他不仅有点耳背，还经常画一些奇奇怪怪的东西。

再后来，美国科学家罗伯特·戈达德也有了同样的想法：安装一个喷气发动机，火箭便可以被发射到太空中。

在 20 世纪 20 年代，他造出了一些飞行器，但只能飞起几十米高。记者们为了嘲笑他，送给他一个外号：“月球上的人”。

二战期间，德国纳粹改进了这项发明，制造出一种杀伤性武器。

一种填满了炸药的大型导弹——V2 火箭被大规模地生产出来。

这些导弹被径直发射到高空，然后落在了伦敦和安特卫普，给当地居民带来了极大的恐慌。

这些致命的军事武器能经常发射到100千米的高空。
它们可以看作是后来进入太空的火箭的前身。

救命啊！外星人入侵地球啦！

别害怕哦！这只是某部科幻小说里的一幅插画。

这一类小说讲述的都是人类在外星球上的探险经历，以及遭遇到可怕的外星人的故事，比如，一个火星人……

科幻小说在20世纪50年代曾风靡一时。

这不足为奇。人们越是了解太空，就越想知道别的星球上是否也有居民。

在那个时期，美国和苏联是全世界最强大的两个国家。
它们是死对头，都想在太空竞赛中独占鳌头。那么，谁是最终的获胜者呢？

苏联人建造的导弹可以直接发射到美国领土。

美国人呢？也是全副武装，针锋相对。

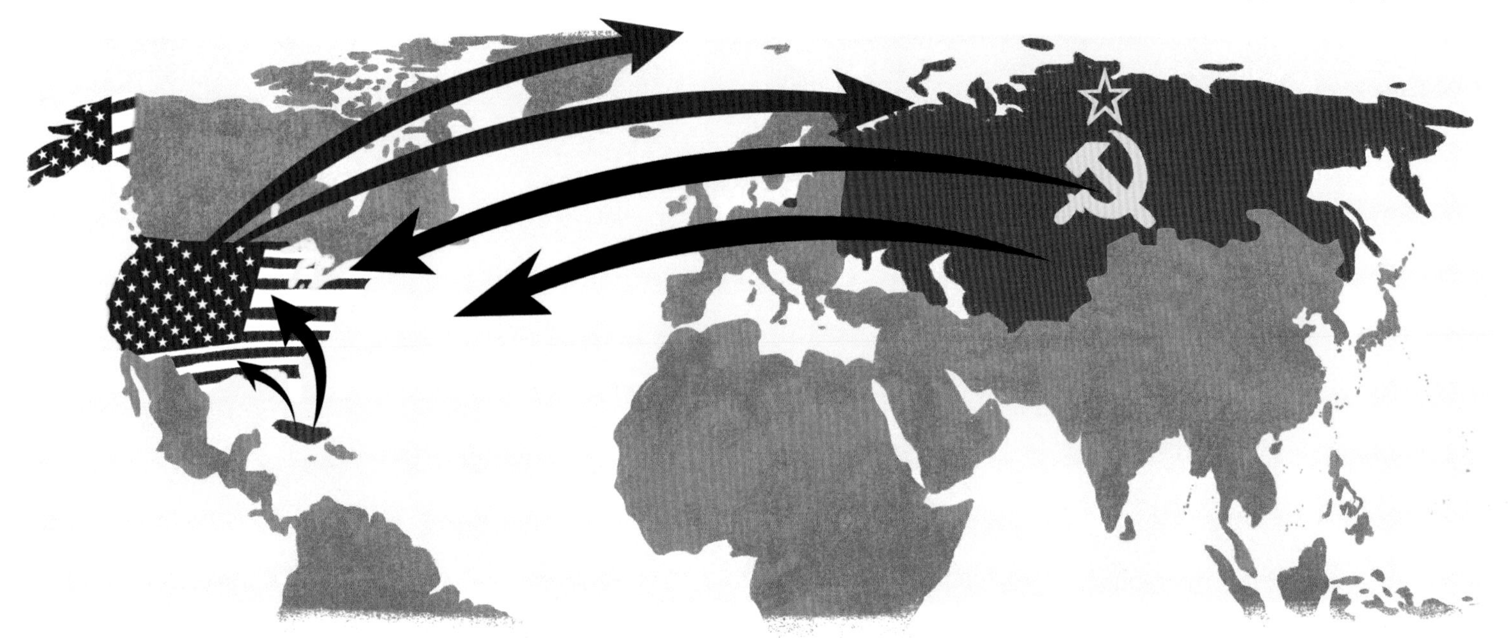

“你胆敢袭击我，我必定马上回击！”两国之间的相互威胁从来都没有停止过。这段时期被称作冷战时期。

为了让火箭发射得更高更远，苏联人秘密建造了一种新型火箭：运载火箭。

1957 年 10 月 4 日，史普尼克 1 号人造卫星被安装在运载火箭的顶端、发射向太空。

升空 90 分钟之后，史普尼克 1 号到达了 600 千米的高度。它开始绕着地球运转，并发出了“嘟嘟”的信号声。震惊了整个世界！

这时，美国着急了，想迎头赶上！于是，美国也开始建造运载火箭。
两个国家都选择了动物作为首个登上运载火箭的乘客，它们都成为了太空英雄。

1957 年，苏联人把一只名叫莱卡的小母狗送入了环绕地球的轨道。但是，当时并没有把这只小狗带回地球的计划……

1959 年，美国人把一只名叫“贝克小姐”的松鼠猴送到高达 480 千米的太空后，又把它安然无恙地带回了地球。

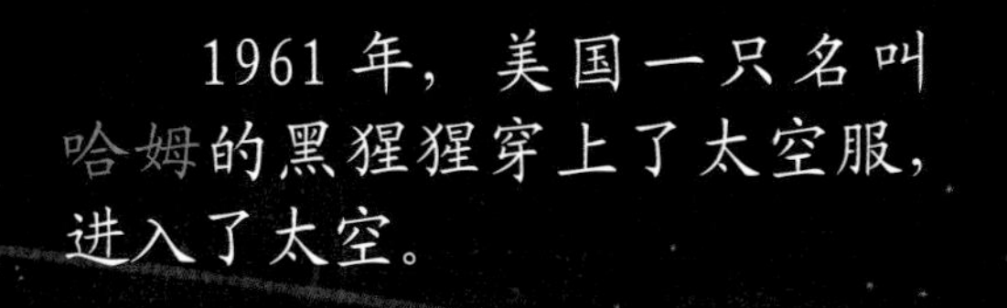

1961 年，美国一只名叫哈姆的黑猩猩穿上了太空服，进入了太空。

1960 年，苏联的两只母狗贝尔卡和斯特雷卡在太空度过了 24 个小时。

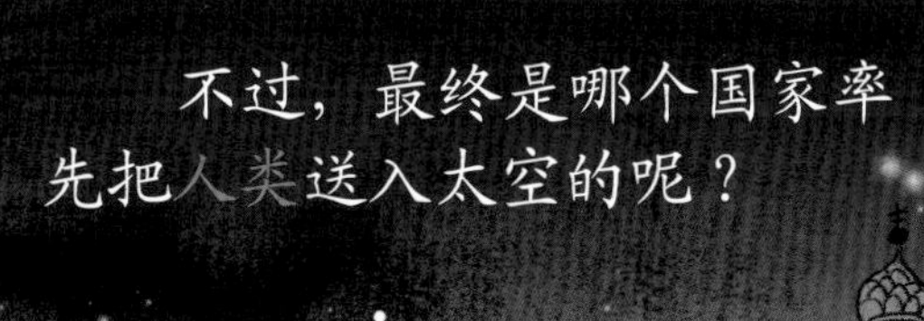

不过，最终是哪个国家率先把人类送入太空的呢？

苏联人获胜了！1961 年 4 月 12 日，一位空军飞行员尤里 · 加加林，登上东方 1 号宇宙飞船，飞离了地球的大气层。

他花费了 1 小时 48 分钟，绕着地球转了一整圈。

“真是太壮观了！ 太美了！” 第一次从太空俯视我们的地球——这颗湛蓝湛蓝的星球，加加林发出了这样的赞叹。

返回地球以后，这位太空英雄受到世界各地的邀请，全世界的人们都向他表示祝贺！

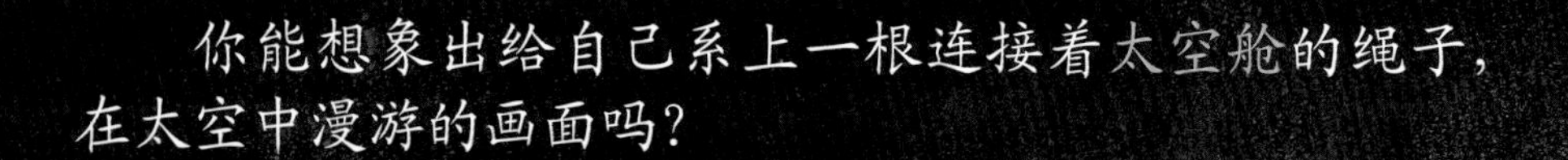

你能想象出给自己系上一根连接着太空舱的绳子，在太空中漫游的画面吗？

1965 年，苏联宇航员阿列克谢·列昂诺夫首次完成了人类太空史上的这一壮举——在太空行走。他走出宇宙飞船，被眼前无比宁静的太空和无数闪烁着的星星惊呆了。

面对苏联的成功，美国十分嫉妒！

肯尼迪总统发起了阿波罗计划，并于1961年开始实施。这项计划的目标是：在1970年之前，将一名宇航员送上月球。

5、4、3、2、1……发射！1969 年 7 月 16 日，阿波罗 11 号火箭从美国佛罗里达州的卡纳维拉尔角太空军基地发射，上面乘坐着 3 名宇航员。

经过五天的航行后，尼尔·阿姆斯特朗终于将他的脚踏在了月球上。他说：“这是我个人的一小步，却是人类的一大步。”

在月球上，人的重量只有在地球上的六分之一。所以，在月球上做跳跃运动特别有趣。巴兹·奥尔德林，你说是不是呢？

登月舱又回到之前着陆的地方，与太空舱重新对接。机组指令长迈克尔·科林斯也在里面等待。7 月 24 日，3 位太空英雄返回到地球，与他们一同返回的还有重达 21 千克的月球岩石。这一次，美国在太空竞赛中大获全胜！

更厉害的还在后面呢！1971 年，苏联将空间站——礼炮 1 号成功地发射到地球轨道。它长 14 米、重 19 吨，重量相当于一辆载满了乘客的公交车。

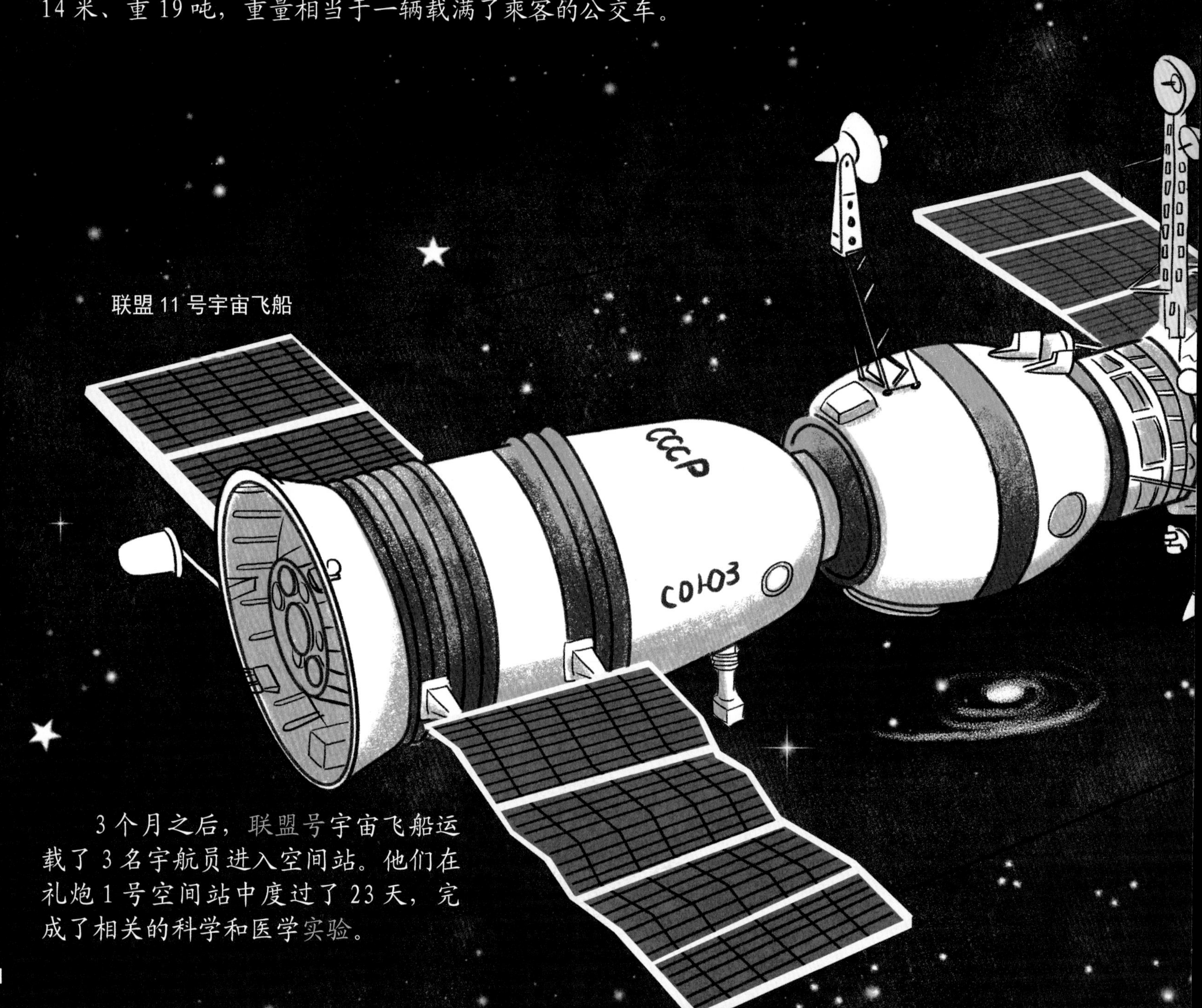

联盟 11 号宇宙飞船

3 个月之后，联盟号宇宙飞船运载了 3 名宇航员进入空间站。他们在礼炮 1 号空间站中度过了 23 天，完成了相关的科学和医学实验。

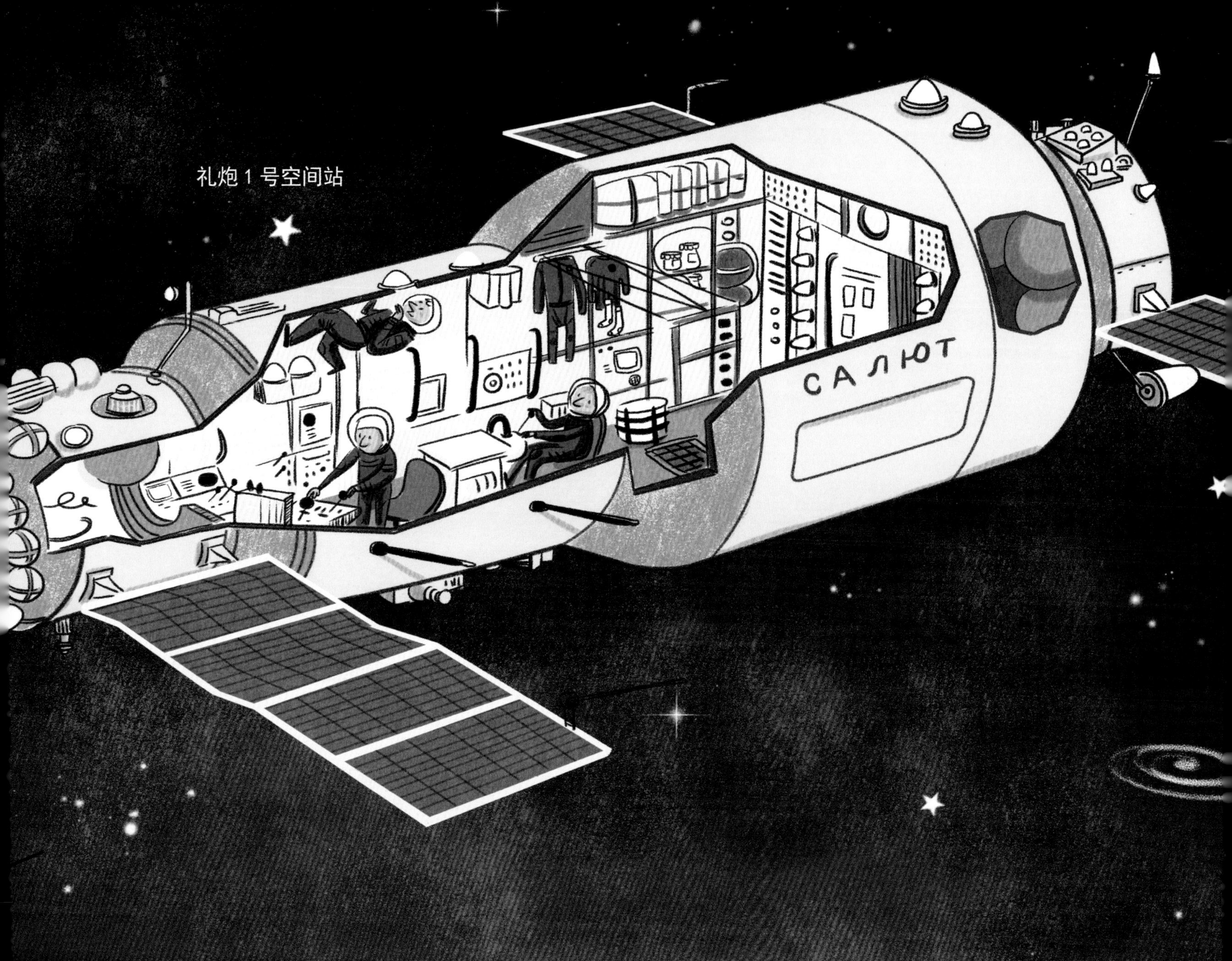

你知道人体在失重的状态下会有什么反应吗？其实，并没有十分难受！所以，人们期待着能够尽快实现在太空中连续生活几年的梦想。

登陆月球，已经很了不起了！不过，月球离我们“只不过”38 万 4400 千米。对于浩瀚的宇宙而言，这不就是跳蚤一跃的高度嘛！

那么，在比月球更遥远的地方，还有什么呢？

为了观察浩瀚的宇宙，天文学家们发射了许多功能强大的空间望远镜，它们都运行在一定的轨道上。相比安装在地面上的太空监测设备，这些发射到太空中的望远镜，能避开包围着地球的大气层的干扰，看得更远更清楚。

1968年，美国将携带着望远镜的轨道天文台2号卫星（OAO-2）发射到轨道。它对人的肉眼无法看到的紫外线十分敏感，并拍下了许多照片，让人类对太空有了更多的认识。

1977 年，美国启动了一项新的太空计划：发射空间探测器旅行者 1 号和旅行者 2 号。这些探测器能进入太阳系的最外层边界，对当时还不为人所知的木星、土星、天王星、海王星以及它们的几十个卫星进行监测。

40 年之后，探测器依然继续着它们的探险任务。旅行者 1 号已经离开了太阳系，旅行者 2 号也即将离开。之后，它们将会运行到距离我们 150 亿千米以外的太空！

旅行者探测器携带了一张唱片，里面刻录着关于地球的照片和声音。不知道是否会有一天，这张唱片终于被外星人发现？

而另一个星际探测器——先驱者号，上面有一块镀金铝板。

让我们再回到地球，看看这里正在发生什么！

欧洲各国合作成立了欧洲空间局。它聚集多个国家的力量，有着更加雄厚的财力和更多的想法。

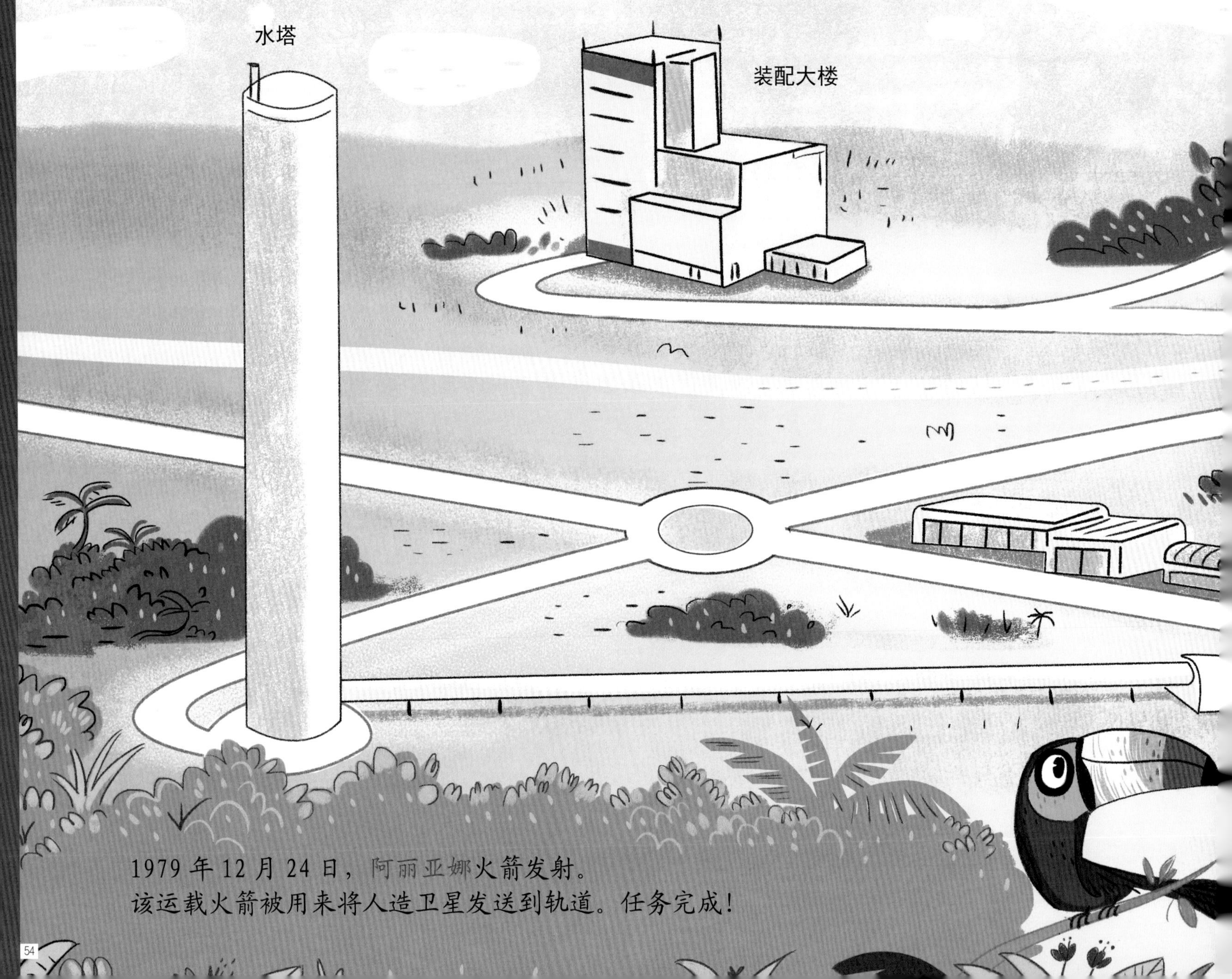

1979 年 12 月 24 日，阿丽亚娜火箭发射。

该运载火箭被用来将人造卫星发送到轨道。任务完成！

迄今为止，在法属圭亚那的库鲁地区设立的航天中心，已经有超过200多架阿丽亚娜运载火箭发射成功。

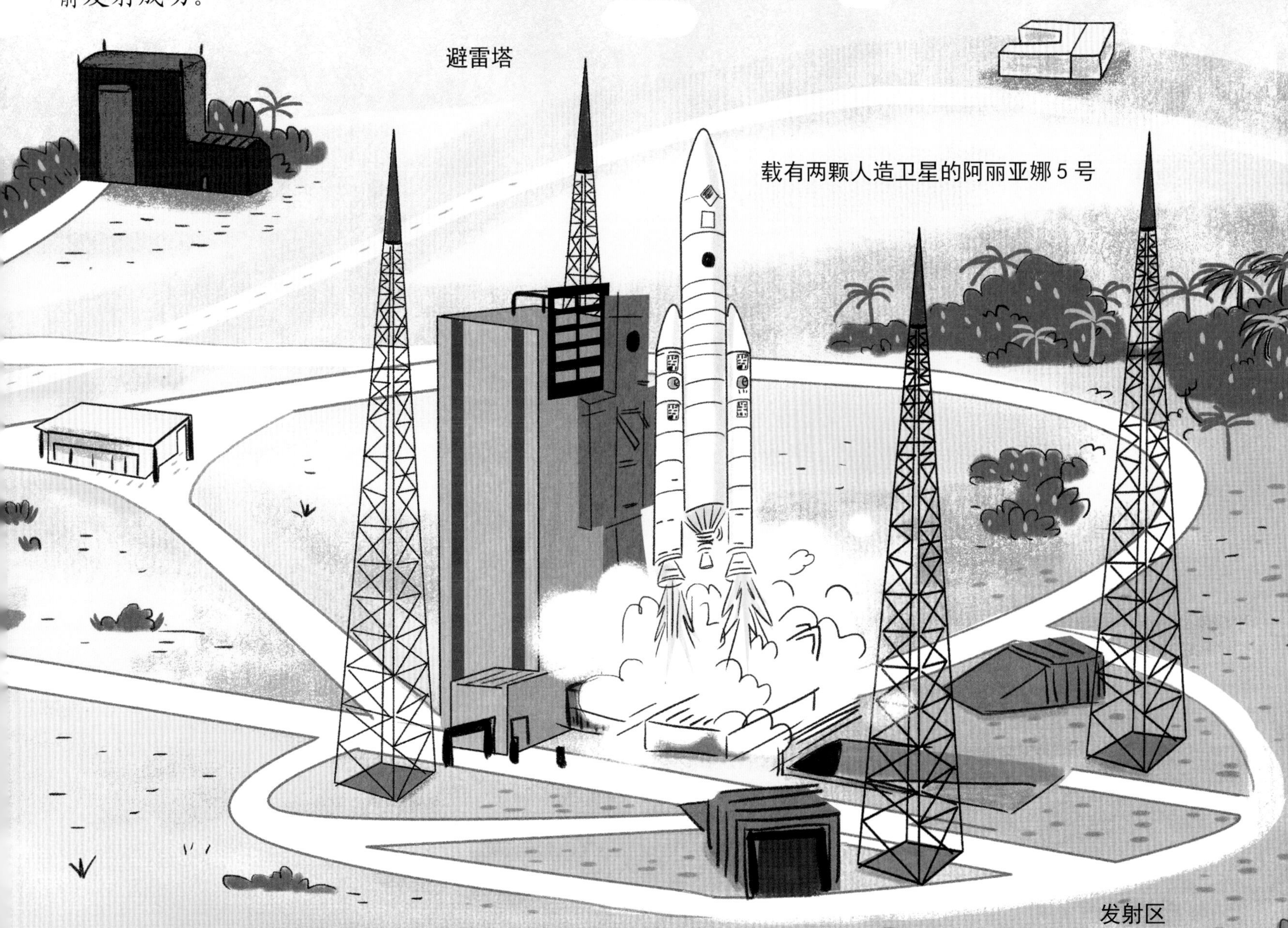

阿丽亚娜5号高55米，相当于一栋20层的大楼，发射时重达780吨。太震撼了！

不过，火箭有一个很大的弊端：完成了发射任务之后，它们就会变成一堆废弃物。造一种可重复使用的运载装置将会省掉不少财力！

这是1981年美国发射的半飞机、半火箭式的哥伦比亚号航天飞机。这是一款载人航天飞机。回到地球之前，机组人员会把机舱里的人造卫星卸载，放入轨道，或者为空间站补充燃料。

然而，这个方案最终被放弃了。航天飞机在飞回大气层的过程中严重受损，需要巨额的维修费用。而且，搭载着机组成员的两架航天飞机——“挑战者”号和“哥伦比亚”号相继在飞行过程中爆炸解体了。

你发现了吗？和运载火箭一样，航天飞机也能运载人造卫星。但是，人造卫星到底有什么用呢？它们可以作为太空观察点，也可以作为信息交换中心。人造卫星的用处可多着呢！

预测天气……

打电话和接收清晰的电视信号……

通过全球定位系统（GPS）在陆地、海域和空中导航……

追踪野生动物的迁徙……

你是否梦想过去太空旅行呢？想从上万个志愿者当中脱颖而出，你要做的第一件事情就是锻炼身体！

优秀的科学家要会说好几种语言，所以你需要在家自学相关课程。

如果你身体状况欠佳，绝不可能前往太空……所以，你得让身体变得强壮，因为太空之旅可是痛苦难熬的。

在起飞之前，你需要登上离心机接受训练。你将坐在机器的长臂末端，做离心转动，机器会越转越快……希望你不会感到恶心难受！

接下来，套上你的太空服，跳进泳池吧！在水里，你可以模拟在太空中的生活方式。

在太空模拟机里，可以测试你在紧急情况下的反应。
身为宇航员，就应该具备能够面对各种突发状况的坚强意志！

为了创造出失重状态，飞机将会把接受训练的人员载到1万米的高空，然后进行自由落体式下降……在飞机坠落的这20秒内，你将处于悬浮的状态！

经过了两年的预备训练，你是否通过了所有测试呢？
太棒了！祝贺你！准备去国际空间站执行任务吧！

　　在国际空间站里，欧洲、美国和俄罗斯的宇航员们都在一起工作。

　　国际空间站悬浮在我们头顶之上400千米的太空。它是由70个大部件直接在太空拼接起来的。而运送这些部件，需要往返地球40次。在1998年，这项浩大的工程就已经启动了。

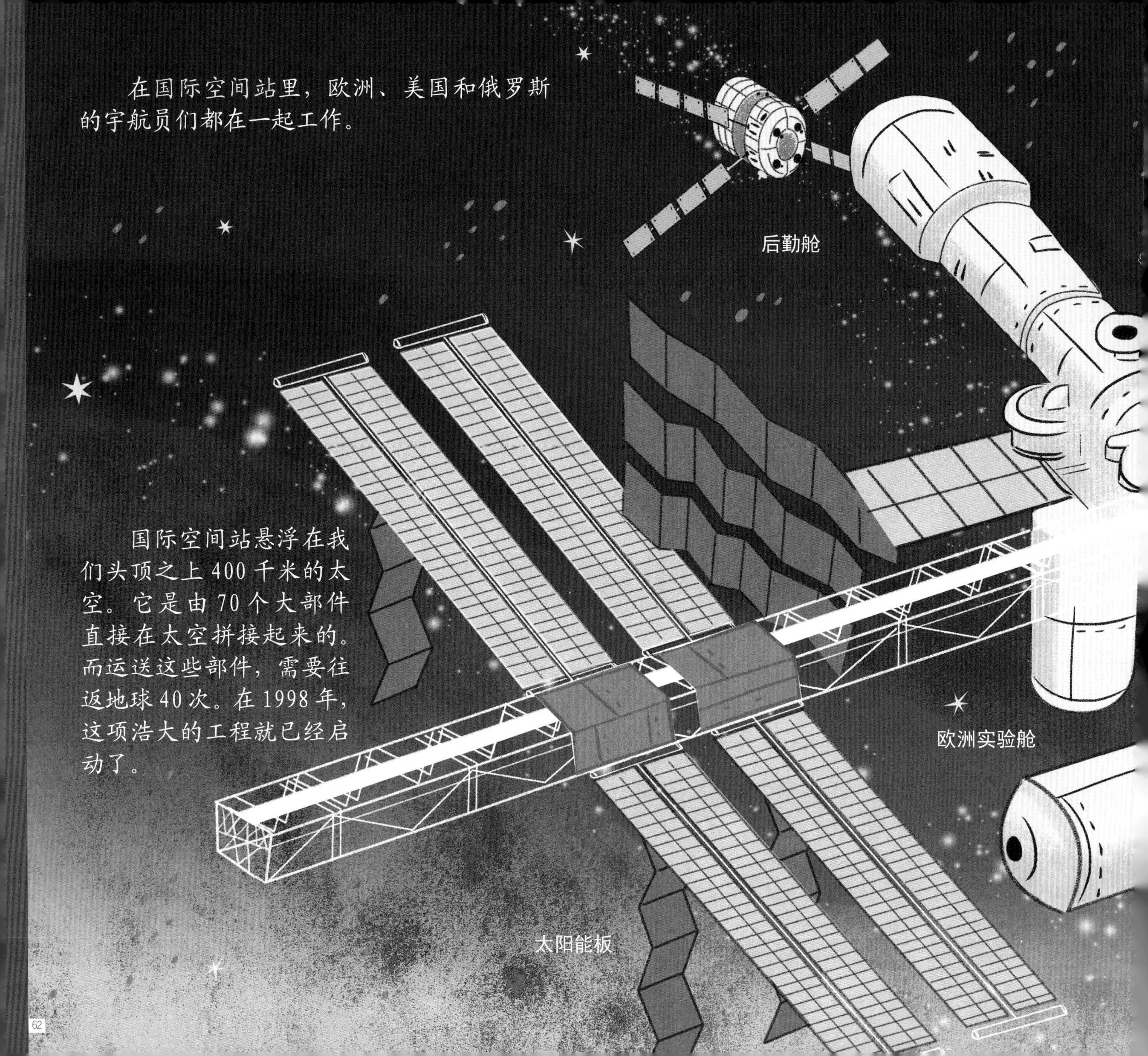

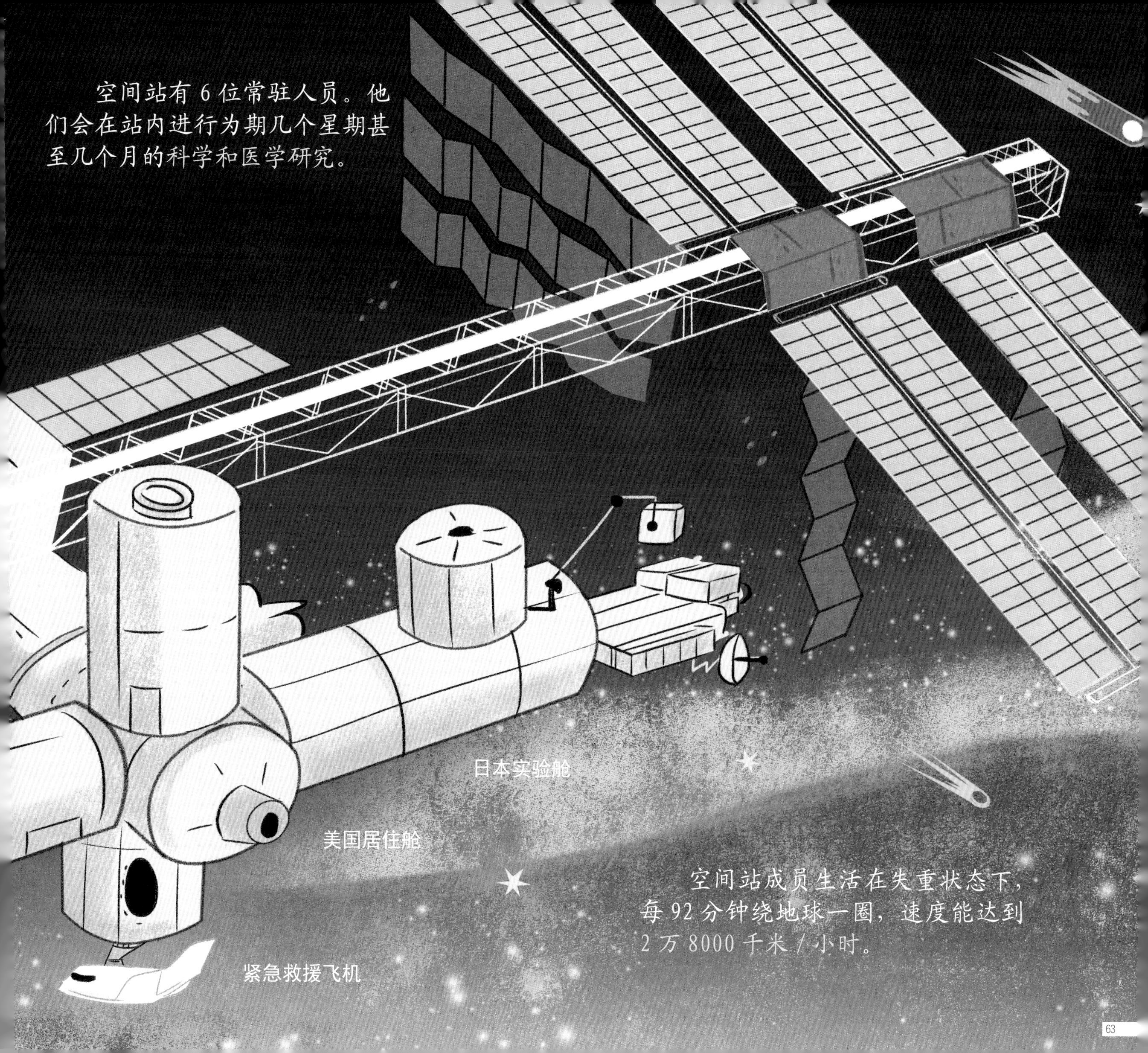
空间站有 6 位常驻人员。他们会在站内进行为期几个星期甚至几个月的科学和医学研究。
日本实验舱
美国居住舱
紧急救援飞机
空间站成员生活在失重状态下，每 92 分钟绕地球一圈，速度能达到 2 万 8000 千米 / 小时。

而某些太空任务，却不需要任何宇航员！2004 年，欧洲空间局发射了罗塞塔号探测器。它的任务是什么呢？是为了登陆丘留莫夫—格拉西缅科彗星（Tchouri），这颗彗星与地球相距 5 亿千米。

丘留莫夫—格拉西缅科彗星的外形就像一粒巨大的爆米花，直径只有 4 千米。因此，要瞄得非常准才行！2014 年 9 月，罗塞塔号不偏不倚地进入了这颗彗星的轨道。

此刻，在法国图卢兹的控制室里，工程师们都屏住了呼吸。彗星着陆器小机器人“菲莱”(Philae)能否成功着陆呢？现在暂时还是个谜……还需要再等待25分钟，才能收到从丘留莫夫—格拉西缅科彗星返回的信号。

任务完成！有了这次的成功着陆，我们将会对彗星有更多的了解，它可是一种与太阳系有着同样年纪的天体呢！

你想从很高很高的地方俯瞰地球吗？从 2001 年起，已经有几个人花了大笔费用，只为在国际空间站里生活一段时间。然而，这只不过是太空旅行的开始！

现在，人们已经可以乘坐这架失重体验飞机（A310 Zero-G）来体验一下失重飞行，就跟宇航员们飞向太空之前的预备训练一样！

充满氦气的热气球也可以承载 6 名人员，飞到 36 千米的高空。这样，你就可以从黑暗的星际太空里远距离地观赏地球。

欧洲“空中客车”公司开发出了太空飞机（Spaceplane），它的飞行速度是一般民航飞机的 3 倍以上。这种飞机能飞到 100 千米的高空，直抵大气层的边缘。

其他的太空交通工具，如美国 X－Cor 宇航公司设计的载人太空船山猫号（Lynx）和英国维珍银河公司设计的太空船（Spaceship）都已经通过测试。不久的将来，它们将载着第一批乘客前往太空……赶快预订你的太空旅行票吧！

到目前为止，我们还有一个长久以来的梦想没有实现：去一个比地球的卫星——月球更远的地方，在另一颗行星上踏上人类的足迹……
2
2
4
4
它就是火星！这颗红色的行星是离我们地球最近的邻居。科学家预计在2030年左右将人类运送到火星上。而在此之前，首先需要在火星上建立一个基地。

在北极地区和美国犹他州的沙漠上，火星宇航员们已经开始了预备训练。这里很可能就是未来火星基地的样子。

天文学家们总是能看到更远的地方，那些人类永远无法到达的地方！

ALMA 射电望远镜被安置在海拔 5000 米的智利安第斯山脉上，那里的天空透亮无比。

这台巨型的望远镜共有 66 座天线。它是一架直径达 16 千米的巨型望远镜，能敏锐地捕捉到宇宙中最遥远的区域的影像，也可以观测到古老的天文现象……

从它拍到的第一张照片中可以看到，乌鸦座中的两个星系正在发生碰撞，恒星正在诞生。太奇妙了！

呈现在你面前的是哈勃空间望远镜捕捉到的画面。在它工作的25年里，拍摄了上百万张照片。

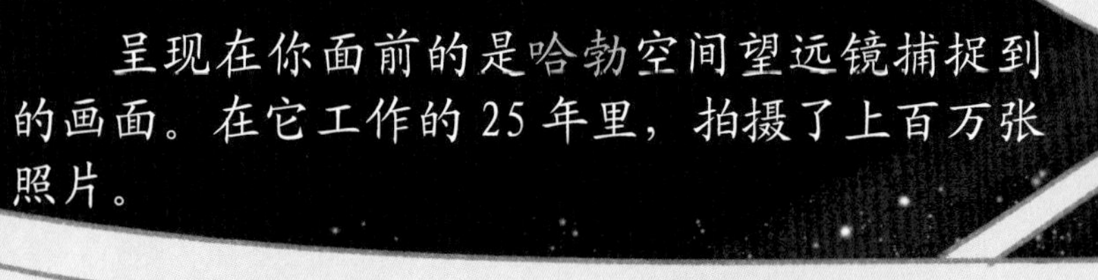

这张照片，被取名为“创生之柱”，呈现了天鹰座星云中尘埃云的轮廓。

这张照片被称作哈勃深空，是由哈勃空间望远镜捕捉到的大熊座的一部分影像。然而，它只是太空中微小的一部分。在太空中，类似我们银河系的星系，就已经发现3000多个了。

宇宙到底多么浩瀚？我们无法想象。

能生活在我们这艘渺小的“地球飞船”上欣赏美丽的宇宙，我们又是多么幸运！那么，请让我们一直保持仰望星空的姿势吧！

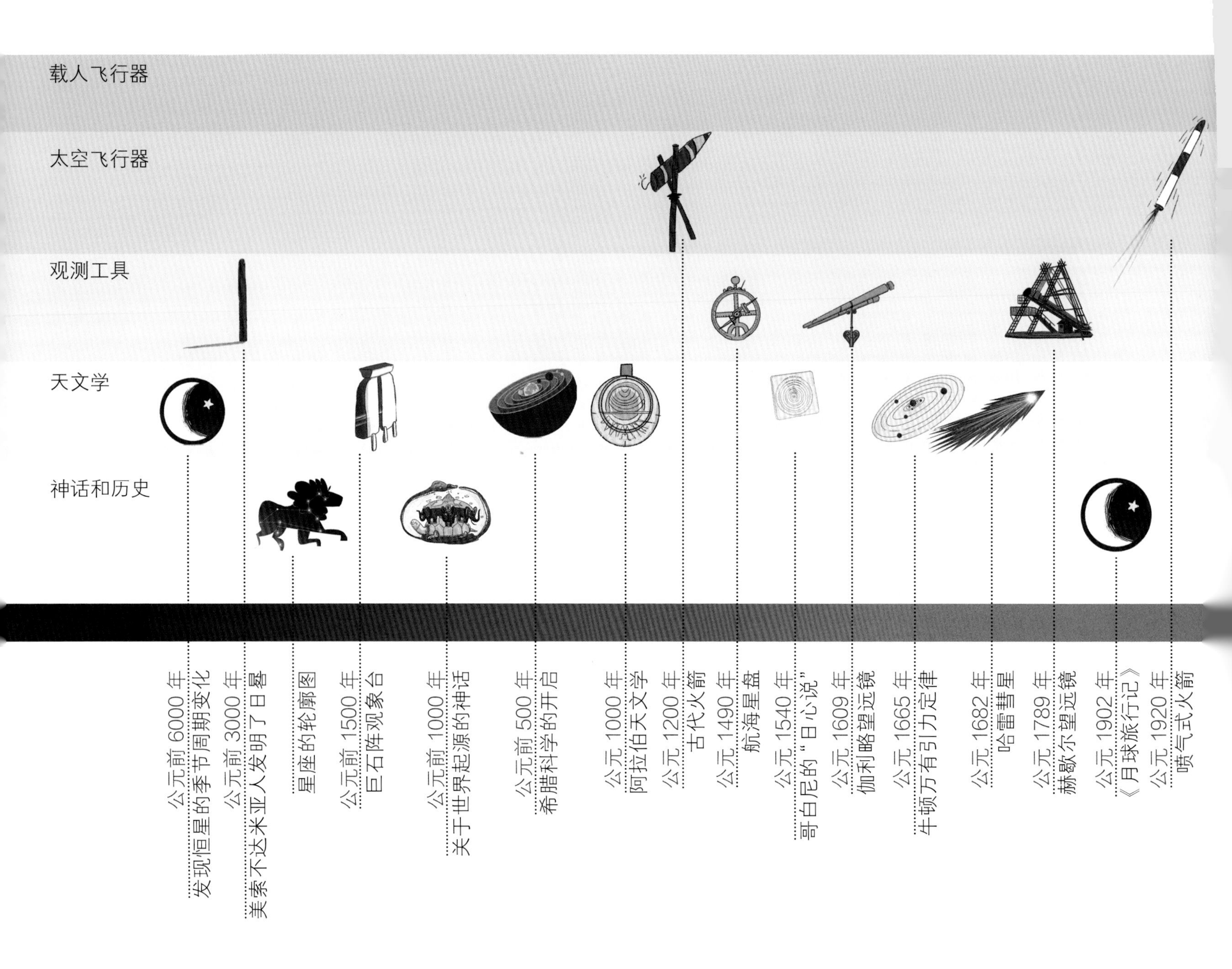

在这个时间轴上，年代的间隔距离并不完全符合真实的时间长度的比例，因为直到 20 世纪人类才开始真正的太空旅行。

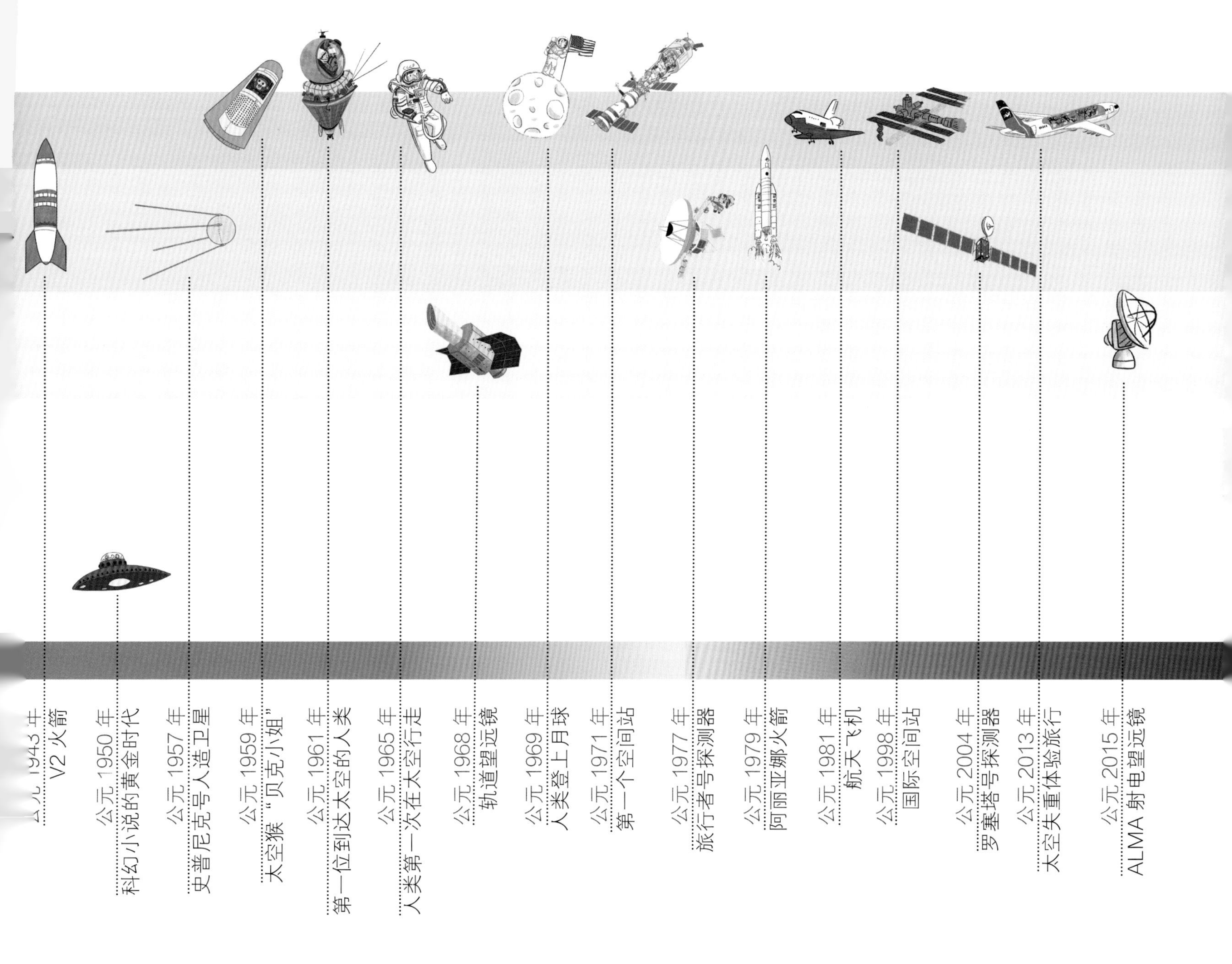

现在，当你仰望天空的时候，就能更深刻地理解它的神秘。而你所了解到的这些知识，则是由漫长的天文学的发展和人类征服太空的历程共同结出的果实！

图书在版编目（CIP）数据

太空 · 从日晷到登陆火星 / （法）史黛芬妮·勒迪，（法）史蒂芬·弗拉迪尼文；（法）杰斯·保韦尔斯图；黄君艳译. — 北京：北京时代华文书局，2016.4（2024.6 重印）

ISBN 978-7-5699-1423-8

Ⅰ. ①太… Ⅱ. ①史… ②史… ③杰… ④黄… Ⅲ. ①宇宙－儿童读物 Ⅳ. ①P159-49

中国版本图书馆 CIP 数据核字（2017）第 042644 号

北京市版权著作权合同登记号 图字：01-2024-3137 号

本书简体字版由北京阿卡狄亚文化传播有限公司版权引进并授予北京时代华文书局有限公司在中华人民共和国出版发行。

TAIKONG CONG RIGUI DAO DENGLU HUOXING

出 版 人 | 陈 涛
选题策划 | 阿卡狄亚童书馆
责任编辑 | 许日春
特约编辑 | 张 蕾
装帧设计 | 阿卡狄亚·王晶 张侨玲
责任印制 | 訾 敬

出版发行 | 北京时代华文书局 http://www.bjsdsj.com.cn
北京市东城区安定门外大街 138 号皇城国际大厦 A 座 8 层
邮编：100011 电话：010-64263661 64261528
印 刷 | 小森印刷（北京）有限公司 010-80215076
开 本 | 889mm×1010mm 1/16 印 张 | 5
成品尺寸 | 240mm×210mm
字 数 | 75 千字
版 次 | 2017 年 7 月第 1 版
印 次 | 2024 年 6 月第 9 次印刷
定 价 | 49.80 元